古文明未解之謎

植物大戰殭屍2

未解之謎漫畫

笑江南 編繪

中華教育

菜 問

向日葵

紅針花

榴 槤

火炬樹樁

豌豆射手

大嘴花

高堅果

棱鏡草

堅果

殭屍博士

海盜船長殭屍

海盜殭屍

騎牛小鬼殭屍

飛機頭殭屍

功夫氣功殭屍

武僧小鬼殭屍

導　讀

　　作為中國人，我們時常為自己的悠久歷史和燦爛文化而自豪，但歷史上還曾出現過其他各具特色的文明，它們與中華文明一道，共同見證了人類社會的發展歷程。

　　例如，在亞洲的兩河流域地區有蘇美爾文明。蘇美爾人發明了世界上最古老的文字——楔形文字。他們的後繼者巴比倫人還建造了「空中花園」，這是古代世界的建築奇跡之一。在非洲則有古代埃及文明。埃及的法老們建造了巨大的金字塔作為自己的陵墓，墓前還有獅身人面像守衛。在歐洲的愛琴海地區則先後存在克里特文明和希臘南部的邁錫尼文明。著名的特洛伊戰爭就發生在希臘人和今天土耳其境內的特洛伊人之間。在美洲的墨西哥境內曾有座古城特奧蒂瓦坎，那裏的居民修建了著名的太陽金字塔和月亮金字塔。美洲的瑪雅文明還創製了精確的太陽曆，其一年的長度與現代太陽曆相差無幾。

　　雖然我們對世界文明的研究已取得顯著進展，但仍有許多問題尚未得到解答。有的問題關乎著名歷史人物。例如，從希臘一路遠征到印度河流域的亞歷山大大帝，英年早逝，他葬在何處一直成謎。埃及豔后克莉奧佩特拉是死於自殺還是他殺，人們依舊爭論不休。有的問題則與古代科技文化相關，如發現於古羅馬沉船上的安提基特拉裝置，它的作用原理和製作過程仍不清楚。

　　還有一類最根本的問題，涉及這些古代文明是如何衰落乃至最終消亡的。漸進的環境惡化和突發的自然災害都可能造成毀滅性的打擊。古代印度河流域的文明，其衰亡或許與亂砍濫伐林木以及洪水、地震有關。意大利維蘇威火山爆發，則給鄰近的赫庫蘭尼姆和龐貝兩座古城帶來了滅頂之災。

　　願每個孩子在成長過程中都能「心繫中國，胸懷世界」！

復旦大學歷史學系副教授　歐陽曉莉

CONTENTS

目　錄

CONTENTS 目 錄

目 錄

蘇美爾人到底來自哪裏？

今天天氣不錯，我帶你去一個好玩的地方吧？

好啊！

我們是去遊樂場還是公園呢？

我們去博物館看展覽。

快看！這是蘇美爾人的雕像！

他們的樣子真古怪。

古怪嗎？

他們的眼睛和鼻子好大，一點都不像現代人。

所以有人說
蘇美爾人來
自外星。

真的嗎？

當然是假的！不過，
蘇美爾人來自哪裏
一直是個謎。

目前主要有兩種觀點：一
種認為蘇美爾人是從外地
遷居到兩河流域的；一種
認為蘇美爾人是兩河流域
的土著居民。

不論來自哪裏，蘇美爾
人的智慧和勤勞都是有
目共睹的。

他們不但利用河水灌
溉技術在乾旱的土地
上澆灌出良田，還發
展出最早的城市。

車輪也是
蘇美爾人
發明的！

沒想到你對蘇美
爾文明的歷史這
麼感興趣！

來這兒之前，我
查了這家博物館
的資料……

這兒還有一個考古主題區，走，我帶你去！

堅果突然這麼上進，有點兒不太適應啊！

考古主題歡樂餐廳

這間考古主題餐廳果然跟介紹上一模一樣，太有特色了！

這個雕像好帥呀！

蘇美爾文明是世界上最古老的文明之一，它根植於幼發拉底河和底格里斯河下游沖積平原，是古代兩河流域文明的發端。儘管蘇美爾文明眾所周知，但是蘇美爾人的起源卻眾說紛紜。主流觀點認為蘇美爾人是兩河流域的土著，因為蘇美爾的神話和傳奇故事幾乎都是以典型的伊拉克南方背景開篇。

楔形文字是
怎麼產生的？

功夫氣功
殭屍！

剛才我路過你
家附近，發現
了這個東西。

這不就是一
塊泥板嗎？

這可不是一
塊普通的泥
板，上面還
有字呢。

這些字很像楔形文字呀！

甚麼是楔形文字呀？

楔形文字是蘇美爾人創製的文字，是迄今為止人類文明中最早出現的文字。

起初考古學家認為楔形文字起源於繪畫。

大約在公元前 3300 年左右，位於現今伊拉克境內的烏魯克城中，有一個蘇美爾人嘗試着用圖畫來表示特定的事物，楔形文字由此誕生。

還有人說，蘇美爾人的楔形文字是直接由陶籌演變而來的。

陶籌是甚麼呀？

它是蘇美爾人用來計數的工具。

它由泥土燒製而成，有的呈幾何形，有的呈動物的形狀，還有的像各種器具，非常小。

這塊泥板上的字愈看愈像楔形文字。

這東西應該放到村裏的珍寶館好好保護起來呀！

它有這麼珍貴嗎？

第二天

你今天怎麼一直在照鏡子呀？

珍寶館的工作人員邀請我和錘子殭屍參觀展館。

珍寶館一向只邀請名人參觀展館,這次怎麼請你倆去了?

我和錘子殭屍把一件珍貴的文物送給了他們,他們當然要請我們啦!

我也想去。

不行,他們只邀請了我和錘子殭屍。

你就說我是你最重要的人,沒有我不行,不就可以了嗎?

那好吧。

上次我看完武俠小說，心裏一激動，就在房子附近隨便找了塊泥板，寫下了這些話。

我還在想泥板跑哪兒去了，原來被當成寶貝藏到這裏來了呀！

你們這兩個騙子！

楔形文字是古代蘇美爾人發明的，此後經由兩河流域人民的繼承和發揚，成為西亞地區通用的文字。但是，楔形文字的起源一直是個謎。最早的觀點認為，楔形文字起源於繪畫，但一些學者認為，這些文字是蘇美爾人在管理神廟的經濟活動過程中逐漸發明出來的。還有學者提出，楔形文字是由陶籌發展而來，陶籌是一種小型的陶製物，可用來計數，它的形狀和楔形文字有相似之處。

《漢摩拉比法典》
真是用來
判案的嗎？

咦，這是甚麼東西？

好像是《漢摩拉比法典》的仿製品。

甚麼「漢肉夾饃法典」？

《漢摩拉比法典》是世界上最早和最完備的成文法典之一，據說它頒佈於古巴比倫國王漢摩拉比統治末期，距今已經有3700多年的歷史了。

是《漢摩拉比法典》啦！

這東西好像是火炬樹樁老師弄來的。

他把這東西弄來幹甚麼呀？

我知道了！

聽說火炬樹樁老師今天沒來學校，下午的測驗沒人監管。

火炬樹樁老師把這個東西弄來，一定是想用它來威懾我們，讓我們不要作弊。

它只是塊石頭，又不是監視器，能威懾甚麼呀？

我聽說，《漢摩拉比法典》雖然名義上是法律文書，但實際上是一種公平與正義的象徵。

火炬樹樁老師也許是想告訴我們，做任何事都要光明磊落，不要暗地裏搞小動作吧。

好高深哪！

15

測驗中

今天的題目好難，都做不出來。

反正火炬樹椿老師不在，我偷偷看一眼也沒人知道。

菜問，你是想作弊嗎？

媽呀！石頭說話了！

《漢摩拉比法典》是兩河流域文明遺留下的最完整的法律典籍，但是它的實際用途卻一直存有爭議。按說國王頒佈的法律應該廣泛執行，但與《漢摩拉比法典》同期或稍晚的大量法律案例文書中，從未引用過《漢摩拉比法典》的條款。所以有學者認為，《漢摩拉比法典》其實並不用於實際的判案，它更多的是一種公平和正義的象徵。在當時，真正起到裁決作用的是民眾自發組織的地方議會和長老會。

亞述人為何會
一蹶不振？

不好了，豌豆
射手出事了！

怎麼了？

剛才我去小賣部買東
西，路過小花園，聽
到豌豆射手說⋯⋯

我好想去「血腥
的獅穴」呀！

他是不是瘋了？居然想去動物園裏的獅籠！

「血腥的獅穴」不是指動物園裏關獅子的籠子。

那是甚麼？

它是亞述古城尼尼微的稱號。

尼尼微是亞述帝國的都城，位於現今伊拉克北部。亞述人驍勇善戰，軍事力量強大。他們的國王喜愛狩獵獅子，因此尼尼微被稱作「血腥的獅穴」。

亞述帝國現在還在嗎？

亞述帝國在公元前 7 世紀中葉就消亡了。

關於亞述帝國消亡的原因，歷史學家有許多不同的解釋。有人認為是亞述人對被征服民族殘酷的流放政策引發的，也有人認為是亞述國王太愛打仗，造成了巨大的社會動盪導致的。

照你這麼說，豌豆射手想去伊拉克參觀古跡呀？

應該是吧。

他的生日馬上就要到了，我正愁沒東西送他呢！

豌豆射手！

我知道你想去伊拉克看尼尼微古城，這票就當我送你的生日禮物吧！

太棒了！

你對我太好了，從這兒去伊拉克的飛機票很貴的！

不是啦，聽說植物鎮博物館正在舉辦「中東文化展覽」，裏面有尼尼微古城的微縮模型，這是門票。

留給你吧，我自己買飛機票去。

亞述國王崇尚武力，不斷對外進行軍事擴張，同時期的許多國家都對亞述帝國感到恐懼。然而，在短暫的輝煌之後，亞述帝國迅速衰敗，歷史學家猜測它的衰敗或許和長期的軍事征戰有關，長年累月的戰爭使亞述帝國的經濟難以承受。也有歷史學家認為，亞述人對被征服民族實行的流放政策，耗費了亞述帝國大量的人力和財力，加速了它的消亡。

古巴比倫「空中花園」真實存在嗎？

哥哥，你整理行李幹甚麼？

我的朋友邀請我去他新建造的酒店做客。

據說那家酒店是按照古巴比倫「空中花園」的模樣建造的。

我也想去！

你可要考慮清楚，留我在家，叫外賣的費用可能會比住宿費高喇。

不行，你去的話，我又要多付一個人的住宿費了。

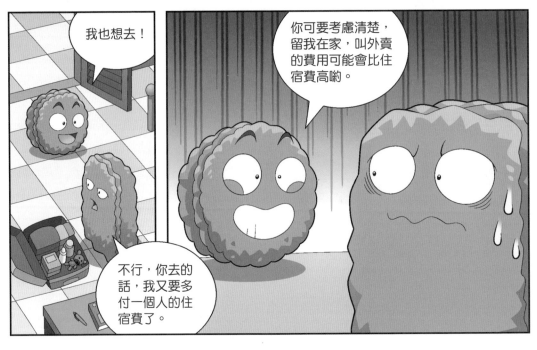

高堅果！

大嘴花！

這是我的弟弟堅果，他很想來見識一下你的傑作。

你好！

之前高堅果和我聊天，總是誇你呢！

雖然我知道自己又聰明，又伶俐，但沒想到你會以我而榮。

我只是誇你能吃而已。

對對，據說你一頓飯能吃三十個餃子，真厲害呀！

23

跟我來吧，我帶你們去空中花園。

這就是我建造的空中花園酒店。

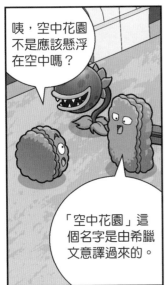

咦，空中花園不是應該懸浮在空中嗎？

「空中花園」這個名字是由希臘文意譯過來的。

如果按希臘文直譯，「空中花園」的本意應為「極為突出的美麗花園」。

難得你們這麼遠趕來，我給你們準備了最豪華的套房。

在那兒你們能體驗到站在雲端的感覺！

聽起來好棒啊！

房間在哪兒啊？

順着這台階往上走，走到頭就是你們的房間啦。

噗！

終於到了……

你們的體力有待增強啊！

為甚麼這酒店沒電梯呀？

我可不想讓電梯破壞了空中花園的結構和美感。

這樣才對得起建造它的那位國王啊！

原來空中花園是國王建造的呀！

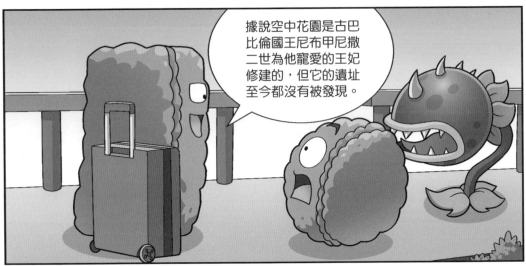

據說空中花園是古巴比倫國王尼布甲尼撒二世為他寵愛的王妃修建的，但它的遺址至今都沒有被發現。

這種觀點已經過時了。有歷史學家找到了確鑿的證據，證明空中花園是比尼布甲尼撒二世還早一百年的亞述國王辛那赫里布建造的。

爬了這麼久的樓梯，好餓呀！

我也是。

餐廳準備了美味食物，你們隨時可以去享用。

餐廳在哪裏呀？

順着這台階往下，走到盡頭向右轉就是餐廳。

除了「跳傘」，還有別的選擇嗎？

你還可以選擇滾下去。

　　「空中花園」是否存在是考古界的一個謎團。最近，英國歷史學家提出，空中花園其實位於亞述帝國的首都尼尼微，而不是巴比倫城。亞述帝國和巴比倫帝國都位於兩河流域，兩國語言和文化相似，古代歷史學家經常將它們混淆。而且，在亞述國王辛那赫里布的銘文中曾提到，他在尼尼微修建了一座花園，和歷史學家對空中花園的描述非常相似。

消失的古波斯軍團去哪裏了？

夏天喝碗綠豆湯，爽快一整天！

功夫氣功殭屍！

說我病了!

?

功夫氣功殭屍!

功夫氣功殭屍呢?

他病了。

昨天見面還好好的,今天怎麼就病了呢?

不信你進來看看。

好!

他患了急性傳染病,離他3米之內的人都會被傳染。

那我還是以後再來吧。

慢走。

幸虧你機靈，否則我肯定會被他拉去參加危險的「偷襲計劃」。

「偷襲計劃」？聽起來很刺激呀！

刺激甚麼，他們想繞道沙漠去偷襲植物。

沙漠那麼恐怖的地方，我才不想去呢。

要是走到一半，像那些波斯大軍一樣突然消失了，可怎麼辦？

波斯大軍突然消失是怎麼回事呀？

據說公元前 524 年，波斯帝國國王帶領大軍攻打靠近埃及西邊的綠洲阿蒙，但途經古埃及沙漠時這支五萬人的軍團突然消失了。

那些人到哪兒去了？

有人說他們被突如其來的沙塵暴掩埋了，也有人說他們被古埃及的部隊殲滅了。真相如何，還有待進一步考證。

功夫氣功殭屍！

又來了，你幫我頂著！

功夫氣功殭屍在嗎？

他病了。

真可惜呀！

怎麼啦？

有人覺得他功夫好，想請他去功夫大賽當評審委員。

據說出場費有五位數呢！

公元前 6 世紀，古波斯帝國在伊朗高原崛起，它的軍事力量強大，不斷進攻周邊國家。公元前 524 年，在進擊尼羅河以西的綠洲阿蒙時，古波斯帝國一支五萬人組成的軍團離奇消失了。二千多年來，人們一直在尋找這支軍團的下落，但一無所獲。有人猜測這支軍團在古埃及沙漠被沙塵暴掩埋了，也有人認為他們是被當地的埃及叛軍伏擊了，還有人認為這件事是杜撰的。

克里特文明為何突然消失了？

看見豌豆射手了嗎？

沒有。

聽說他最近迷上了陶藝，才沒空和你踢球呢。

甚麼是陶藝？

我還想找他踢球呢。

他說是種藝術，但我覺得就是玩泥巴。

我也要去玩泥巴。

哎喲！

豌豆射手！

這些都是你做的呀？

是呀！

這些陶器和我平時看到的不一樣啊！

我最近愛上了克里特文明的陶器風格。

甚麼文明？

克里特文明！它又被稱為「米諾斯文明」，是歐洲最早的古代文明。

有人說它是因為火山爆發引發的海嘯而消亡的；也有人說它是因為國王去世，從此一蹶不振，逐漸消亡的。

可惜克里特文明後來不知甚麼原因突然消失了。

怎麼會這樣？

原來是這樣！那我能和你一起做克里特風格的陶器嗎？

可以呀！

我再去幫你拿套工具。

哐噹!

對不起!剛才一不小心把你的陶器打碎了!

只是打破一個陶器而已,你不用這麼誇張地道歉啦!

問題是,我打破的不止一個……

我是一個文明人,不能出手傷人。

克里特島是愛琴海中的第一大島嶼,由這裏發展出的克里特文明被認為是古希臘文明的起點。公元前 1700 年之後,克里特文明經歷了一系列的火山噴發、地震等自然災害,但勤勞樂觀的克里特人進行了災後重建。公元前 1400 年左右,克里特文明逐漸衰落,有人推測其原因與和希臘交戰有關;也有人認為和邁錫尼人入侵有關,最終克里特文明被邁錫尼文明取而代之。

特洛伊戰爭真
實發生過嗎？

自從植物建了防
禦塔，我們的偷
襲計劃就再也沒
有成功過。

普通武僧殭屍，
你怎麼看？

普通武僧殭
屍！普通武
僧殭屍！

從剛才開始，他
就一直不作聲。

他一定是
在想甚麼
好主意。

我想到了！

我想到今天中午吃甚麼了，番茄炒蛋蓋澆飯！

你想到新計劃了？

啪！

其他人有甚麼好想法嗎？

我們可以像希臘人那樣做個大木馬。

木馬？

不是那種木馬啦！

看，這就是我設想中的「特洛伊木馬」。

甚麼是特洛伊木馬呀？

特洛伊是古代小亞細亞西部沿海的一個小國，曾與希臘人發生過長達十年的戰爭，最後希臘人靠着一匹巨大的木馬贏了這場戰爭，那匹木馬就被稱作「特洛伊木馬」。

但我聽說「特洛伊之戰」只是個傳說。

我相信它是真的，據說有人還在土耳其希薩利克發現了特洛伊遺址。

傳說特洛伊王子出使斯巴達時，帶走了斯巴達的王后。斯巴達國王找來許多朋友，一起攻打特洛伊城。

這場戰爭是《荷馬史詩》中最重要的部分，也是西方文學的靈感源泉。

可是至今都沒有人在希薩利克發現和特洛伊戰爭直接相關的證據。

哼，一定會找到的！

那就是說特洛伊戰爭是否發生過現在還沒有定論嘍？

是呀！

我們還是先做個大木馬偷襲植物鎮吧！

特洛伊人就是因為誤將木馬當作戰利品，把它拖進了城，

使藏在木馬裏的希臘士兵有機可乘，晚上和城外的希臘士兵裏應外合，攻破了特洛伊城。

等植物們把我們拉回植物鎮，我們就能偷襲他們了。

萬歲！

確定要拉回去嗎？

當然啦，把它拉到垃圾粉碎場，總比讓它堵着路強。

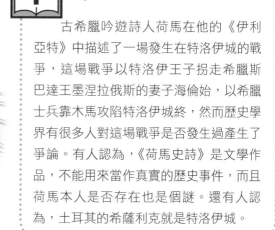

門打不開了，救命啊！

古希臘吟遊詩人荷馬在他的《伊利亞特》中描述了一場發生在特洛伊城的戰爭，這場戰爭以特洛伊王子拐走希臘斯巴達王墨涅拉俄斯的妻子海倫始，以希臘士兵靠木馬攻陷特洛伊城終，然而歷史學界有很多人對這場戰爭是否發生過產生了爭論。有人認為，《荷馬史詩》是文學作品，不能用來當作真實的歷史事件，而且荷馬本人是否存在也是個謎。還有人認為，土耳其的希薩利克就是特洛伊城。

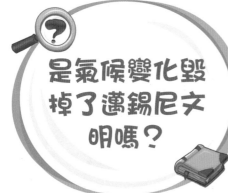

是氣候變化毀掉了邁錫尼文明嗎？

氣死我了！

博士，你怎麼啦？

你來得正好，我需要你幫我做件事。

甚麼事？

讓我打兩下，出出氣。

你幹嗎這麼生氣呀？

我想申請研究氣候變化的資金，但上級委員會不同意。

你怎麼突然想到要去研究氣候變化呀？

因為氣候變化關係着文明的興衰。

有這麼嚴重嗎？

極端氣候不但會引發自然災害，還會導致社會動盪。歷史上很多盛極一時的文明都是因為劇烈的氣候變化衰落的。

你知道邁錫尼文明嗎？

邁錫尼文明是邁錫尼人在公元前 1600 年左右建立的。邁錫尼人崇尚武力，四處征戰，曾稱霸一方，但在公元前 1200 年左右，邁錫尼文明開始衰落了。

雖然很多人認為邁錫尼文明衰落的原因是外族入侵和經濟衰退引發的內亂，但我認為氣候變化才是主要原因。

只有提前研究氣候變化趨勢，才能防患於未然，使殭屍文明長盛不衰！

博士，你太偉大了！

幾天後

博士，這箱東西送給你！

這是甚麼？

我把你想研究氣候變化的願望告訴了大家，大家都很支持你。

這些是大家給你的贊助！

太感謝你們了，居然湊足了這麼一大箱錢。

蘿蔔是我贊助的，薯仔是鐵桶未來殭屍贊助的，番茄是路障未來殭屍贊助的，這些東西，賣掉能賺不少錢呢！

箱子裏的蔬菜全賣了才46元。

邁錫尼人通過貿易和戰爭，不斷擴張自己的領地，逐漸形成了一個強大的文明。根據《荷馬史詩》記載，邁錫尼的英雄們漂洋過海，佔領了特洛伊古城。公元前 1200 年左右，邁錫尼文明悄然退出了歷史舞台。關於這個文明的衰落，考古學家提出了多種解釋，有人認為與劇烈的氣候變化和自然災害有關，也有人認為人口流動以及內亂才是導致該文明衰落的主要原因。

47

亞歷山大大帝的陵墓究竟在哪裏？

紅針花，你在找甚麼呀？

我的錢罌！

啊哈！

怎麼只有這麼一點錢？

之前你又沒存進去多少……

48

為甚麼想用錢的時候永遠沒錢呢？

你是想買甚麼東西嗎？

不，我是想參加「考古之旅」活動，組織者說得先交錢，後參團。

你們打算去哪裏考古呀？

馬其頓王國國王亞歷山大的陵墓！

組織者說他們找到了亞歷山大大帝的陵墓。

你千萬別去！

亞歷山大大帝死後，他的遺體下落不明，有人說他的遺體被屬下托勒密搶走，葬在了埃及，可考古學家在埃及根本沒找到任何關於亞歷山大大帝陵墓的遺跡。

亞歷山大大帝的陵墓在哪裏，還是個未解之謎。我覺得那些聲稱找到陵墓的人十有八九是騙子。

我想去看看，萬一是真的呢？

為甚麼呀？

只是參加「考古之旅」需要報名費……

別看我，我是不會借錢給你的。

之前你寫信申請參加語言學習班，還問我借過買郵票的錢，你忘了嗎？

是有那回事，那錢我還沒還你嗎？

之前你借給我8毫子買郵票，現在我還你1塊錢，我們互不相欠了。

……

過了這麼久，利息怎麼說也有100元了吧？

你想得美！

公元前 323 年，亞歷山大大帝在巴比倫城突然去世，由於他生前沒有指定繼承人，他的棺槨成為其部下爭奪權力的工具。傳說亞歷山大的棺槨被他的得力幹將托勒密運回了埃及，並將陵墓修在了亞歷山大城，但是考古學家至今都沒有在那裏發現陵墓的遺跡。有人猜測托勒密根本沒有把亞歷山大葬在亞歷山大城，而是藏在了一個不為人知的地方，也有可能投入了大海。

安提基特拉裝置
是如何失傳的？

豌豆射手，出去踢球嗎？

太棒了！太棒了！

叫你去踢球而已，用不着這麼興奮吧？

我按工程圖復原安提基特拉機械，終於成功啦！

安提基特拉機械？這名字好熟悉呀……

你也知道這個嗎？

我之前練過一種運動，叫甚麼拉甚麼提來着。

安提基特拉機械是古希臘人製作的天文儀器，據說它能模擬月亮的運動軌跡，甚至能準確預報日食。

安提基特拉機械大約完成於公元前 150 年至公元前 100 年，它的發明者是誰，為何失傳，至今是個謎。

看！

今晚我就要用它去測月相。

53

根據這個機械的測試結果來看，今晚應該是滿月。

你這個機械有問題，今晚才不是滿月呢！

那你說，今晚是甚麼？

今晚是上弦月。

真的是上弦月呀！

看來我觀測月相的工具比你的機械好用多了。

你也有觀測月相的工具？

你的工具一定很昂貴吧，能測得這麼準確。

街邊 5 元一本的傳統掛曆。

我這兒還有很多，送你一本吧？

難道你之前在街邊賣過掛曆？

1901 年，一批潛水者在一艘古羅馬沉船上發現了安提基特拉機械，經過科學家不斷研究，發現它竟然是一台 2000 年前的超級天文「電腦」。安提基特拉機械的發明者是誰至今是個謎，有人猜測可能是古羅馬人根據阿基米德製作的一台天文儀器改造的。歷史記載，類似安提基特拉機械的設備直到 14 世紀才出現，這意味着這項技術失傳了 1000 多年，失傳原因至今是個謎。

赫庫蘭尼姆城的居民為何集體消失了？

唉。

怎麼了？

博士這兩天一直忙着研究，送進去的食物都沒吃。

博士在研究甚麼呀？

聽說是潛水艇。

好，我去幫他。

看不出來你還懂潛水艇啊！

我去幫他解決他來不及吃的食物。

啊哈！

這麵包怎麼這麼硬啊！

你幹嗎啃我三天前的早飯？

噗

還好我今天心情好，否則我肯定把你趕出去。

發生甚麼好事了呀？

我研究的單人潛水艇終於成功了！

你怎麼突然研究起潛水艇了？

我想去解開赫庫蘭尼姆城的未解之謎！

甚麼城？

赫庫蘭尼姆城是位於意大利的一座古城，它和龐貝古城相距僅 8 公里。

公元 79 年，維蘇威火山噴發，炎熱的火山灰和岩漿給距離火山不遠的赫庫蘭尼姆城和龐貝古城帶去了滅頂之災。

後世的人們在龐貝古城裏發現了許多遺體，但奇怪的是，赫庫蘭尼姆城裏的遺體卻不多。

這和你造潛水艇有關係嗎？

有人說赫庫蘭尼姆城內的居民全逃走了，所以城內才沒有那麼多遺體，可我卻不這麼認為。

赫庫蘭尼姆城當時大約有 5000 多人，而維蘇威火山爆發十分迅猛，在短時間內，這麼多人根本沒法全部逃脫。

那你認為那些人都去哪裏了呢？

赫庫蘭尼姆城靠近海邊，我推測那些人大概是從海邊撤退了。

這都是你瞎猜的吧？

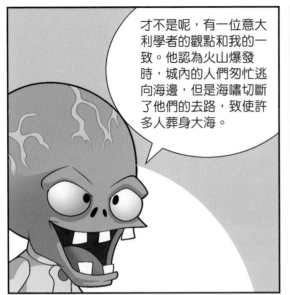

才不是呢，有一位意大利學者的觀點和我的一致。他認為火山爆發時，城內的人們匆忙逃向海邊，但是海嘯切斷了他們的去路，致使許多人葬身大海。

所以我想去海裏尋找證據，證明我的推測！

你真勇敢，居然敢坐着自己都沒把握的潛水艇潛入深海。

我本來是想自己去的，既然你來了，這個重任就交給你吧。

這東西真的安全嗎？

放心！我做的東西，怎麼會不安全呢？

好吧，我就相信你一次。

赫庫蘭尼姆城毀於公元 79 年的維蘇威火山爆發，後世的考古人員在赫庫蘭尼姆城內發現了大量雕塑、繪畫、器具等文物，但奇怪的是，城內幾乎沒有人類的遺骸。赫庫蘭尼姆城內的居民究竟去哪裏了，一直是個未解之謎。許多歷史學家認為，赫庫蘭尼姆城的居民在火山爆發時及時逃離了；也有一些學者認為，赫庫蘭尼姆城臨近那不勒斯灣，居民選擇逃往海邊時，不幸被海嘯捲入大海。

古埃及金字塔是怎麼建造出來的？

堅果！上學要遲到啦！

我好了！我去上學了！

起牀還不到5分鐘呢！

我還特意做了這麼豐盛的早餐……

算了，我一個人慢慢吃吧。

謝謝你的早餐，我吃好了！

這麼快？！

我最近看了一本書，名叫《金字塔之謎》。

我也看了！

你們在說甚麼呢？

我們在說金字塔呢。

金字塔？

就是古埃及帝王的陵墓，被稱為世界七大奇跡之一。

幾千年前的古埃及沒有先進的科技，古埃及人是怎麼建造出金字塔的，一直是個謎。

是呀，金字塔設計精巧，即使是現今的人類，恐怕也很難建造出來。

我聽說古埃及人是利用類似吊秤的工具，將巨石一塊塊堆砌起來的。

不對不對，是古埃及人建造了坡道，通過它將巨石運上去的。

完全聽不懂他們在說甚麼！

今天太陽打西邊出來了，你居然要買書！

豌豆射手他們最近都在看關於金字塔的書。

我要是不看，就沒辦法跟他們聊天了。

看書是好事，我支持你！

那我就去選書啦！

這本書上的漢語拼音好奇怪，我都看不懂。

這是英語，不是拼音。

我要買這些書。

好的。

請問你要借小推車嗎？

好啊！

等會兒我聊起金字塔，大家一定會崇拜我的。

你怎麼知道這麼多關於金字塔的事呀？

在你面前，我的學識猶如一粒微塵。

我們來聊金字塔吧！

金字塔已經過時了。

我們現在在聊「大西洋海底城之謎」呢！

高堅果，我還想買書……

胡夫金字塔高 146 米，由大約 200 萬塊重約 2.5 噸的巨石構成，古埃及人是如何將巨石運送上去，建造出金字塔的，一直是個謎。最初，人們認為古埃及人使用了基於槓桿原理的一種工具，將巨石吊上去。後來，法國科學家提出了一種猜想，他認為胡夫金字塔可能是由內向外建造的，建設之初，它的內部建有一條類似於盤山公路的坡道，這樣就能解決運送巨石的問題了。

獅身人面像是誰建造的？

你有沒有覺得，這兒有點不對勁？

哪裏不對勁啊？

這麼大的豪宅，門口卻沒有看門守護的雕像，怎麼看都覺得奇怪！

這事簡單，我去給你弄兩頭石獅子。

都甚麼年代了，還放石獅子！

去，給我找個雕塑大師來。

你好，我就是你要找的雕塑大師。

我想在門口雕兩座獅身人面像。

埃及法老金字塔前的獅身人面像？

沒錯！

傳說獅身人面像是按照古代神話中的怪物斯芬克斯的形象雕塑的,人的腦袋象徵智慧,獅子的身體代表力量。古埃及法老用它來守護自己的陵墓。

我聽說,獅身人面像代表着法老的權威,它的臉是按照胡夫法老的面容來雕刻的。

我不管獅身人面像代表着甚麼,反正我覺得它很酷。

我要你按照我的樣子,雕兩座獅身人面像放在門口。

沒問題!

雕刻之前,你要好好觀察我的臉,把我帥氣的模樣絲毫不差地雕刻出來。

我怕我會看吐，能先給我準備一隻臉盆嗎？

這獅身人面像太小了，一點氣勢都沒有。

沒氣勢？

獅身人面像就是要大，大了才有氣勢！

你也太自戀了，就算這東西的臉和你一模一樣，你也不用看這麼久吧？

你以為我想看這麼久嗎？這東西把我家大門擋得嚴嚴實實的，我進不去，只能坐在這兒看了！

要不我們炸了它？

行，但別炸臉！

位於吉薩的獅身人面像是世上最神祕的建築之一，它的造型有甚麼含義，是誰建造了它，至今仍是個謎。一般人認為獅子是非洲常見的猛獸，是智慧與力量的象徵，因此被古埃及人當作保護神。考古學家最初認為它是由胡夫法老按照自己的相貌雕刻的，用來鎮守他的陵墓；也有考古學家認為，獅身人面像是胡夫的兒子卡夫拉法老根據自己父親的相貌建造的，用來顯示王朝的權威。

胡夫法老為甚麼要建造太陽船？

就是這個！

你確定？

確定，自從高堅果迷上古埃及歷史後，我家牆上貼滿了和古埃及有關的東西。

想不到高堅果還是這麼狂熱的人啊！

要是把這艘太陽船模型送給他當生日禮物，他一定會很開心的。

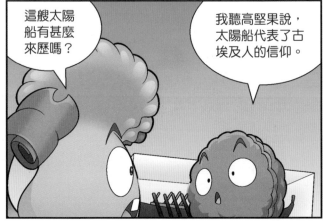

這艘太陽船有甚麼來歷嗎？

我聽高堅果說，太陽船代表了古埃及人的信仰。

古埃及人將太陽視為神,他們相信法老死後,他的靈魂會與太陽神一起在天空旅行。

太陽神與法老在天空旅行時,所搭乘的就是太陽船。

但有很多人懷疑這個說法,認為太陽船是胡夫法老的殯葬船。

原來還是一個未解之謎呀!

兩位是要買這艘太陽船模型嗎?

是他要買。

嗯!

這個模型單價5000元。

好貴!

我想把它送給我最愛的人,可是我沒有那麼多錢,請問你能便宜些嗎?

你這孩子太讓人感動了!

但感動歸感動，價格是不會便宜的。

那這樣吧……

你可以做主？

當然！

那好吧，寫下名字和住址。

好。

他居然把太陽船低價賣給你了！

因為我跟他說好了……

我給他免費打工三個月。

你說甚麼了？

可就算你打工三個月，也不夠買模型的錢啊？

所以我跟他說，我和你一起給他打工！

噗

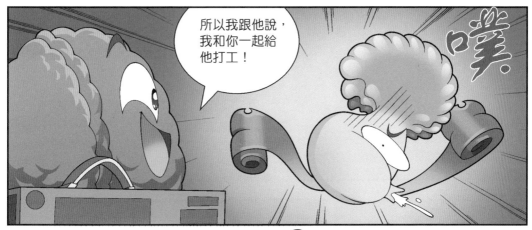

那我的名字和住址……

我也寫了，你逃不了的。

太陽船是古埃及文明的智慧結晶，最早發現於胡夫金字塔附近的石坑裏，全長 43 米，高 6 米，造型優美，工藝精湛。它究竟是用來幹甚麼的，考古學界一直在爭論。有人認為，古埃及人崇拜太陽，認為法老死後，其靈魂會與太陽神一起在天空和冥界旅行，為了讓法老的靈魂與神同遊，古埃及人建造了華麗的太陽船。也有人認為太陽船實際上是胡夫法老的殯葬船。

古埃及王室
為甚麼
「只娶不嫁」？

豌豆射手！

怎麼啦？

不好了，向日葵出事了！

她出甚麼事了？

我剛才看見她坐在樹下拿着本書，神情呆滯，一動不動，好像傻了一樣。

誰傻了？

我剛才只是沉浸在我是一個公主的幻想中……

公主的生活才沒你想得那麼美好呢！古時候的公主經常被迫嫁給外國人，以此來換取短暫的和平。

我幻想成為的是埃及公主，才不用擔心呢！

埃及公主就不會被嫁到國外嗎？

聽說古埃及王室奉行「只娶不嫁」的婚姻政策，王子可以娶國外的女孩，但公主不會嫁給國外的王子。

這是為甚麼呀？

有人說這是因為古埃及的女性社會地位比較高，有自己選擇婚姻的權利。

我聽到的是另一種說法：古埃及人非常驕傲，他們看不起其他國家的人，因此不願意把公主嫁給別人。

要是真讓我當一回古埃及公主，那該有多好啊！

你真想體驗一下當古埃及公主的感覺？

嗯！

沒問題，我和豌豆射手幫你！

你們打算怎麼幫我呀？

我們去買點紗布回來。

紗布？

你們想用紗布給我做古埃及公主的禮服嗎？

古埃及公主死後會被製成木乃伊，我們用紗布把你包裹起來，讓你體驗公主的滋味！

在你把我做成木乃伊前，我先讓你體驗做木乃伊的滋味。

古代埃及人只娶外邦的公主，自己的公主卻不外嫁，這一點引發了歷史學家的眾多猜測。有人認為這是因為古埃及的地理條件優渥，無須仰仗外邦，因此不屑將公主嫁給外邦人；也有人認為這是因為古埃及婦女的地位比較高，她們能決定自己的終身大事；還有人認為這可能跟古埃及人信仰的宗教有關，他們的宗教不支持將公主外嫁。

亞歷山大燈塔為甚麼消失了？

船長，天氣太惡劣了，我們的導航儀器失靈啦！

甚麼？！

可惡，那導航儀我買了還不到兩天，居然失靈了？

我得趕緊上網，給賣家一個劣評。

現在可不是做這種事的時候啊！

我們得趕緊決定航行方向，否則就要碰到陸地了！

碰到陸地？

碰到陸地不是挺好嗎？

我的意思是，我們要沉到海底陸地了。

唰 啦

上天啊，請讓亞歷山大燈塔出現吧，為我們這些迷航的人指路！

這麼糟糕的天氣，燈塔能幫到我們嗎？

你懂甚麼。

亞歷山大燈塔被稱為世界七大奇跡之一。

亞歷山大燈塔建於埃及托勒密二世時期，是世界上第一座燈塔。據說聰明的設計師在它的塔頂安置了一面鏡子，這樣光可以傳播到更遠的海域，在黑暗中航行的船隻老遠就能看到它。

船長，快看那兒！

那兒好像是燈塔發出來的光！

上天聽到我的請求啦！是希望之光啊！

向着光芒，前進！

咦，這是怎麼回事？

昨晚他們看到我們燈塔的燈，自己送上門的。

我看是悲劇之光吧。

至少我們還活着……

傳說古埃及托勒密王朝時期，一艘載有埃及王室成員的船，在駛入亞歷山大港時不幸觸礁沉沒，為此埃及國王托勒密二世決定在亞歷山大港的入口建造一座燈塔，也就是亞歷山大燈塔。此後1000多年，亞歷山大燈塔經歷多次地震和人為毀壞，最終在一場地震中被摧毀，至今下落成謎。有人說，它沉入了亞歷山大港一帶的海底；有人則認為它根本不存在，是人們想像出來的。

埃及女法老克莉奧佩特拉死於自殺嗎？

大嘴花，你們要去哪裏呀？

這傢伙讓我陪他去動物園。

嗯。

我也想去。

要是你跟我們去，你一定會嚇得渾身哆嗦的。

笑話！我紅針花怕過甚麼呀！

植物動物園 蛇館

原……原來……你……你們是來看……看蛇的……

不僅全身哆嗦，說話也不順暢了！

是埃及眼鏡蛇！

這蛇的毒性很大，傳說埃及最後一任女法老克莉奧佩特拉就是用牠結束了自己的生命，也結束了埃及托勒密王朝三百年的統治。

可我怎麼聽說克莉奧佩特拉死於羅馬帝國第一位元首屋大維之手呢？

克莉奧佩特拉的死關係着托勒密王朝和羅馬帝國的命運，所以她的死因成謎。

你們看好了沒有？我們還是去別的地方吧。

還是外面舒服呀！

來動物園應該看一些可愛的動物，看甚麼蛇呀！

蛇很可愛呀！

同意。

我覺得還是其他動物比較好。

比如這袋鼠，你們看牠多可愛呀！

還是蛇比較可愛。

同意！

我再也不去動物園了。

克莉奧佩特拉是古埃及托勒密王朝最後一任女法老，後世被人稱作「埃及豔后」。克莉奧佩特拉才貌出眾，用高超的計謀使羅馬的凱撒大帝及其將領安東尼為她肅清政治對手，助她登上法老的寶座。凱撒和安東尼死後，克莉奧佩特拉的政治生涯也走到了盡頭。傳說，她讓一條毒蛇咬死自己，保全了最後的尊嚴。不過，有學者指出，克莉奧佩特拉被政敵屋大維謀殺的可能性更大。

三星堆的青銅面具為何造型怪異？

難道我們就要一直窩在這裏嗎？

是啊，已經說好要去三星堆博物館了，出發吧。

別衝動啊！

現在外面天氣這麼差，出去不安全。

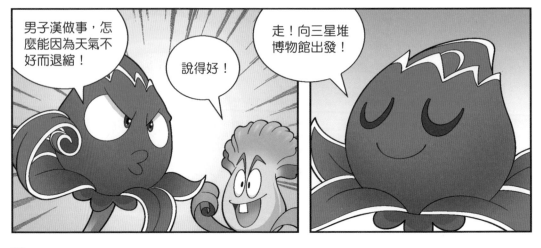

男子漢做事，怎麼能因為天氣不好而退縮！

說得好！

走！向三星堆博物館出發！

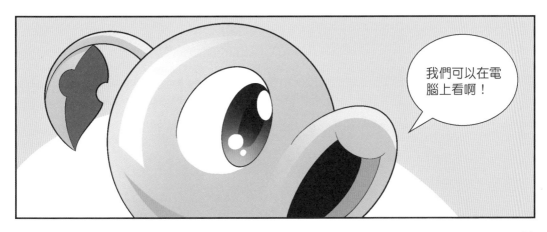

你們看，這是三星堆博物館開設的網上博物館，很多文物在網上就能看到。

真好呀！

這是甚麼？長得真古怪！

應該是之前生活在三星堆地區的人吧。

那時候的人長得也太奇怪了吧？

看這面具的耳朵、眼睛、鼻子，感覺不像中國人。

三星堆出土的文物，隱藏着許多未解之謎。

就拿這些銅人面具來說，它們的鼻子寬大，眼睛突出，脖子長，和中國人的形象很不一樣。所以有人懷疑三星堆人是從外國遷徙而來的。

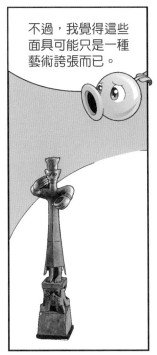

不過，我覺得這些面具可能只是一種藝術誇張而已。

讓我看看。

我也要看。

別擠呀！

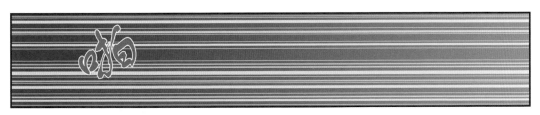

怎麼突然黑了？

估計是因為打雷，所以斷電了。

還好，我這兒有台健身單車簡易發電機。

菜問，全靠你了。

靠我甚麼？

我們三個人中，就你臂力最強，發電就靠你了！

健身單車發電機靠腳踩發電，和我臂力強不強有甚麼關係？

5分鐘之後

電腦又能用啦！

太好了，這下又能繼續欣賞文物了。

菜問，加油呀，等下給你叫好吃的外賣。

我和豌豆射手一起請客。

那我要加四個荷包蛋！

加油！

　　三星堆文明擁有燦爛的成就，它的身上還有許多尚未探明的未解之謎，其中就包括它的來歷。有人認為它屬於外來文明，它的創造者是來自紅海沿岸的古閃族人，他們沿着「海上絲綢之路」進入中國境內。但是更多的學者認為，三星堆文明是中國的本土文明，在三星堆文明以前，成都平原上就曾有九座像三星堆一樣的遺址，而且這裏發掘的文物多用玉石，屬於東方系統。

秦始皇陵埋葬的真是秦始皇嗎？

這兒怎麼有個泥人啊？

你連它都不知道？真是孤陋寡聞！

這叫兵馬俑，是秦始皇陵裏的陪葬品。

秦始皇陵裏的陪葬品怎麼跑到這兒來了？

火炬樹樁老師去參觀秦始皇陵博物館後，特意帶回來了一個仿製品。

原來如此。

對了，那他見到秦始皇了嗎？

沒有。

既然去了秦始皇陵，幹嗎不去看秦始皇啊？

考古學家只挖掘了部分陪葬坑，根本沒有打開秦始皇陵的主葬區。

況且，有人推斷秦始皇根本沒葬在秦始皇陵裏。

啊？

根據史書的記載，秦始皇是在巡視途中暴病而亡的，當時為了安定民心，他死後幾十天才發喪。據說那時候秦始皇的遺體都腐爛了，至於他埋在了哪裏至今是個謎。

你在幹嗎？

我想仔細看看它的臉。

啊！

啊！

要是火炬樹樁老師發現我們弄壞了他的兵馬俑，我們就死定了！

別慌！

事到如今，只有靠我的藝術天賦重造一個兵馬俑頭了。

半小時後

完成了！兵馬俑頭！

是不是和原來的一模一樣啊？

那這樣呢？

傳說秦始皇死在出巡途中，當時正值酷暑時節，遺體不易保存，所以很多人懷疑秦始皇陵是衣冠塚。而且，秦始皇陵的建造時間和完成時間與史書上記載的也不同。不過，相距秦王朝不足百年的西漢就有製作木乃伊的技術，秦代應該也具備遺體的防腐技術，而且在地宮，考古學家還發現了水銀。古代帝王有在地宮下放置水銀的傳統，這說明秦始皇陵很可能就是秦始皇放置棺槨的地方。

徐福東渡到底去哪裏了？

錘子殭屍！

過幾天文化節，村裏決定演一場《八仙過海》，你要扮演的角色很重要喲！

我演誰呀？

你知道張果老嗎？

知道！雖然張果老的名氣不如呂洞賓大，但好歹也是八仙之一，也算個主角！

沒錯！

你演的就是張果老騎的那頭驢！

讓我演驢，我才不去呢！

我最近打算坐船出海，根本沒空參加村裏那無聊的文化演出。

你出海做甚麼呀？

我要學習「徐福東渡」，去海上尋訪仙山，求仙藥！

徐福是秦朝時期著名的方士，熱衷訪仙煉丹以求長生不老。傳說他後來為秦始皇出海尋訪仙山，最後卻不知所蹤。

可我聽說徐福東渡的目的地不是甚麼仙山，而是現在的日本。

還有人說徐福去了美洲呢！

我不管他最後去了哪兒，反正我相信他一定在海上找到了仙山。

那你準備甚麼時候出海呀？

後天！

我算過了，後天是個風和日麗的好日子。

出發當天

這天氣雖然不算風和日麗，但也還行。

仙山！仙人！我來啦！

轟轟！

哎喲！

嗒嗒

你醒啦?

我記得我沉入了大海。

你漂到了岸邊,是我救了你。

看他的樣子,簡直和我家裏海報上的仙人一模一樣啊!

仙人!我終於找到了你!

甚麼仙人哪，是我！

我正在海邊排練呢，就看見你被海浪沖回來了，真是緣分哪！

秦始皇統一六國後，逐漸對長生不老之術起了興趣。公元前 210 年，徐福受秦始皇之命，率領數千童男童女和眾多工匠東渡尋訪仙山，但從此他卻杳無音信。關於他的去向學界一直眾說紛紜，有人認為徐福東渡去了日本，還有人認為徐福在路上遭遇了風浪，被迫留在了舟山羣島或台灣。更有人猜測，徐福被颶風吹到了美洲，因為歷史學家曾在墨西哥、祕魯等地發現了秦漢時的銅錢。

曹操的墓到底在哪裏？

曹操真是老謀深算！

為甚麼這麼說？

書上說，曹操去世時特意告訴手下為自己設立七十二個墓穴，讓那些想報復他的人找不到他的墓。

三國演義

曹操設立「七十二疑塚」的事有可能是假的。

不可能！《三國演義》怎麼可能說假話？

《三國演義》是文學作品，裏面很多內容都經過了藝術加工。

根據史書《三國志》和《晉書》的記載，曹操墓位於曹魏的都城附近，而他的兩個兒子曹丕和曹植的祭文中都明確寫到曹操的葬禮從簡，並沒有提到設立「疑塚」的事。

曹操

曹

曹

那曹操的墓到底在哪兒呢？

據說曹操去世前一年曾經頒佈過一道《終令》，提出他想在鄴城西部，位於西門豹祠附近的地方建造自己的墓室。

哦，那個地方在今天河南省安陽市安豐鄉境內，我記得考古學家曾在那附近發現了一座疑似的曹操墓室。

我還以為《三國演義》寫的都是真的。

想要了解比較真實的三國歷史，你還是應該去看《三國志》。

好！

幾天後

這兩天看《三國志》，我的收穫很大。

那當然啦，看史書能收穫很多歷史知識。

《三國志》治好了我的失眠，自從看了它，我的入睡速度快了三倍！

睡得好了，人也變得愈來愈帥了。

曹操是東漢末年著名的政治家和軍事家，但是從北宋開始就被文學作品賦予了奸雄形象，到了明代，隨着羅貫中的《三國演義》流行民間，曹操的反面形象更加深入人心。《三國演義》中説曹操為了不被他人發現自己的落葬地點，特意設立「七十二疑塚」，而後世真的沒有找到曹操的墓穴，這使曹操的墓穴成為歷史未解之謎。不過隨着河南安陽曹操墓穴的發掘，曹操墓的真相就要水落石出了。

瑪雅文明是如何衰落的？

學了這麼久的掌法，今天終於可以派上用場了！

接招吧！

疼死我啦！

麻煩你再做一次剛才的動作。

這人是我的崇拜者吧？

那我就再做一次。

嘿哈

很好，這下拍到了。

我知道我很帥，但也不用像粉絲一樣拿手機拍我……

我是森林管理員，剛才拍到了你破壞樹木的證據，現在請你接受處罰吧。

嗚
嗚
嗚

他說我破壞樹木，罰了我好多錢。

你沒事幹嗎劈樹呀？

還不是因為家裏暖氣壞了！

我想去弄點木材回來燒火取暖。

想取暖也不能破壞環境啊！

砍幾棵樹而已，有這麼嚴重嗎？

樹木可以淨化空氣，調節氣候，防治水土流失，對生態平衡起着至關重要的作用。

盲目砍伐樹木，甚至可以毀滅一個偉大的文明！

有這麼誇張嗎？

你知道瑪雅文明嗎？

瑪雅文明是誕生於美洲叢林中的神祕文明。它與印加及阿茲特克並列為美洲三大文明。

瑪雅文明曾經非常輝煌，不僅建造雄偉的金字塔，還創造精確的太陽曆，但不知道為甚麼在 9 世紀時突然衰落。

有人說瑪雅文明的衰落是外來民族入侵造成的，也有人說是氣候持續乾旱造成的；

還有一種說法是，瑪雅文明的衰落源自瑪雅人對森林的破壞。

瑪雅文明的鼎盛時期，對資源的消耗非常大，為了獲取更多的糧食，瑪雅人不斷毀林開荒，惡性循環引發了土地沙化、氣候乾旱等惡果。

這麼冷的天，既不能砍樹取暖，又沒有暖氣，晚上該怎麼睡覺啊？

是我展現絕技的時候了。

你轉過身去。

這樣？

嘿！

背部好熱啊！

瑪雅文明為何衰落是歷史學家一直試圖破解的謎團。隨着考古研究的深入，出現了許多假説，如「外族入侵」「疾病瘟疫」「氣候持續乾旱」等等。其中「氣候乾旱」説最為著名。科學家在瑪雅古跡所在地發現，瑪雅文明的鼎盛時期雨水充沛，而瑪雅文明衰落的時期雨量很少，可能先後經歷了四個乾旱期。長期乾旱，加上生態破壞、外敵入侵等多重原因，最終導致瑪雅文明衰落。

古文明中的謎團

　　20 世紀初，英國著名的考古學家伊文思在克里特島的克諾索斯挖掘出一座宮殿遺址，從殘存的遺跡可以看出，這座宮殿的內部結構錯綜複雜，房間數量超過 1300 間。宮殿內既有大殿、接待室、祭壇、神廟，又有起居室、浴室、衞生間，還有狹長的倉庫和手工業作坊，房間與房間曲折相通，道路彎彎曲曲，堪稱「迷宮」。這不禁讓人聯想到《荷馬史詩》中提到的米諾斯王宮，相傳米諾斯王宮位於克里特島的都城克諾索斯，裏面關着國王米諾斯的妻子帕西菲生下的「牛怪」，迷宮裏道路複雜難辨，人一旦進去就休想出來。地點、內部特徵不謀而合，於是在克諾索斯發現的這座宮殿遺址被稱為「米諾斯王宮」。

　　米諾斯王宮的發現，揭開了米諾斯文明的面紗。米諾斯文明是愛琴海地區的一種古老的文明，它主要集中在克里特島上。克里特島是連接歐洲、亞洲、非洲的樞紐，它周圍的海域非常平靜，小船就能航行，所以很快成為地中海地區的貿易中心。在公元前 2000 年時米諾斯文明盛極一時，米諾斯王朝不但富有，還擁有強大的海上軍事力量，不過強大的米諾斯王朝沒多久，就分裂成眾多諸侯國。每個諸侯國都想修建自己的宮殿，發展自己的城市，因此當時的克里特島

上有許多宮殿，最宏偉、最耀眼的還是米諾斯王宮。米諾斯王宮的主人究竟是誰？它的權力究竟有多大？這些至今是個謎。有歷史學家猜測，米諾斯王宮是米諾斯王朝的政治和文化中心，裏面住着類似古埃及法老那樣的人物，他既擁有王權，又擁有神權，控制着各方諸侯。

　　關於米諾斯王宮還有許多未解之謎，例如它是用來做甚麼的？為甚麼被修建得如此複雜？米諾斯王宮內部結構的複雜程度使人們對它的用處感到困惑，有人認為它是王宮，有人認為它是王宮下的地宮，還有人認為它是王陵或者墓穴，不過大多數人還是傾向於認為它是王宮。至於它為甚麼會被

修得如此複雜，可能和它依山而建有關。此外，克里特島經常發生地震，米諾斯王宮也曾遭受多次重創。米諾斯人天性樂觀，又非常富有，每一次地震之後，他們都要把宮殿修建得比過去還要富麗堂皇，因此宮殿不斷擴建，愈來愈複雜。

古羅馬的城市裏為何遍佈公共浴場

如果你穿越回公元 4 世紀的羅馬城，你會發現人頭攢動的地方既不是商場，也不是劇院，而是公共浴場。古羅馬人特別愛洗澡，上至王公貴族，下至平民百姓，他們每天都要花大量的時間在公共浴場裏。熱衷洗澡的羅馬人還總結出了一套繁複的洗澡流程，並且樂此不疲：洗澡前，先去體育場進行體育運動，待到酣暢淋漓之後再進入溫水池。從溫水池出來後，再進入熱水池，從熱水池出來後再進入蒸汗室（蒸汗室跟現在的桑拿有些像）。蒸汗結束後，再折回溫水池，用從高盧進口的肥皂擦拭身體，沖洗乾淨後再進入冷水池或游泳池。洗浴結束後，還需要往身上抹點護膚的油膏或者噴灑一些香水，再進行其他活動。羅馬的公共浴場，不僅僅是個洗澡的地方，這裏還有圖書館、畫廊、運動館、商店、餐廳、演講廳、會議室，是羅馬人休閒娛樂的地方。公元 4 世紀時，公共浴場在羅馬城多達 800 餘座，其中最宏偉的是卡拉卡拉浴場和戴克里先浴場，分別能容納 1600 名和 3000 名浴者。

　　為甚麼古羅馬人如此熱衷洗澡？公共浴場在古羅馬為何
會受到如此追捧？歷史學家猜測有三方面的原因：一是宗教
信仰。古羅馬人信仰的一種古老的宗教認為，人的肉體蒙蔽
了靈魂，而洗浴既能清潔肉體，又能洗滌靈魂。不過，從結
果看，古羅馬人只是把洗浴當成了一種世俗享受。二是古羅
馬人信仰「健全的頭腦寓於健康的身體」，所以他們不但注
重個人衞生，還要在洗澡前進行體育鍛煉。同時，由於多數
平民家庭無力承擔在家中修建私人洗浴設施的費用，因此在
公共浴室洗浴成為他們唯一的選擇。三是受希臘人的影響。
希臘人很早就開始使用浴缸、淋浴噴頭這些洗澡用的物品，
還建有公共浴室，古羅馬征服希臘後，被希臘人的生活方式

所吸引，很快將這些移植到古羅馬。古羅馬皇帝出資建造公共浴室，自由市民都可以進去洗澡，只需要象徵性地繳納一點門票錢，這是古羅馬皇帝穩定政治的一種策略。當古羅馬人把精力都投入到享樂上，誰還會去討論政治呢？此外，「洗澡是一種更文明的表現」被古羅馬人當作優越的文化推行到它所征服的國家，為了不被當作野蠻人，這些國家的人民也紛紛效仿起這種生活方式，這使公共浴場在羅馬城外也遍地開花。

？ 羅德島太陽神巨像為何消失

羅德島太陽神巨像是古希臘太陽神希路斯的鑄像，它高達 32 米，曾矗立在位於愛琴海羅德港的入海口，向世人展示着希臘文明的榮光。根據傳說，羅德島人是為了紀念成功抵禦馬其頓國王安提柯一世的圍城才建造了這座巨大的神像，羅德島人將安提柯大軍丟棄的青銅武器統統投進熔爐，用了 12 年時間才完成這座青銅雕像，其高度接近美國紐約的自由女神像。可是，這座宏偉的雕像只在羅德港站立了 54 個年頭，就在公元前 226 年的一場大地震中，從膝蓋處斷裂，轟然倒地，至今下落不明。

今天太陽神巨像在羅德島上已了無痕跡，但是歷史上有

許多關於它的記載。曾有歷史學家記錄過他們在羅德島看見銅像殘骸的景象，據說公元653年，阿拉伯人入侵羅德島後將這些殘骸運往敍利亞，賣給了一位商人，之後商人和殘骸都不知所蹤。

太陽神巨像的外形也被人們津津樂道，有人認為他右手高舉投槍，左手拿着長劍；有人認為他頭戴太陽光環，在空中駕馭馬車，身後是一輪紅日；有人認為他兩腳開立，橫跨在羅德港口上，手持着火把，極目遠眺，就像今天的自由女神像一樣。不過，這些設想都存在爭議，甚至有人提出羅德島太陽神巨像根本不存在，他們認為在希臘化時期，沒有先

進的機械設備，即使能鑄造出如此巨大的青銅像，也無法把它豎立起來。太陽神巨像的存在與否，依舊是個謎。

公元前 1500 年，墨西哥的熱帶叢林裏誕生了一個神祕的文明——奧爾梅克。奧爾梅克的意思是「橡膠之鄉的人」，這是因為這個文明的發祥地盛產橡膠。儘管和其他地區的文明相比，奧爾梅克文明較為原始，但奧爾梅克人在建築和藝術上顯示出驚人的才華，他們不僅在高原上營建了恢宏的宮殿、金字塔、神廟，還製作出精美的陶器、玉器和石器，尤其是奧爾梅克的石雕，令現代工匠都嘆為觀止。20 世紀 30 年代，人們發掘出了十四個奧爾梅克巨石頭像，它們均由整塊玄武岩雕刻而成，最大的石像重達 20 噸以上。這些石像只有腦袋，沒有身體和四肢，頭頂都戴着古怪的頭盔，眼睛深邃，鼻子扁平，嘴唇肥厚，刻畫得非常細膩和生動。不過這些石像究竟代表着甚麼，為甚麼會在叢林中，至今都是一個謎。

奧爾梅克文明在藝術和建築上自成風格，顯得十分成熟，這一度使學者認為它是和瑪雅文明同時期的一個文明，但是也有學者提出奧爾梅克文明早於瑪雅文明，它是「中美洲文明之母」，這一度使學界發生激烈的交鋒。不過，最終這場爭論結束於碳 -14 的測試，它顯示奧爾梅克文明比瑪雅

文明要早 1000 年，可以說是中美洲最古老的文明。

　　奧爾梅克文明的另一個謎團是它的起源，這一問題至今充滿爭議。主流觀點認為，奧爾梅克文明是美洲古老的居民印第安人獨自發展出來的，但另外一些學者認為奧爾梅克文明在起源的過程中受到了外來文化的影響，甚至有學者提出奧爾梅克是中國殷商文化的遺緒。一些研究者認為奧爾梅克文明和中國殷商文化有許多相似之處，比如他們都崇尚玉，製作的玉器都非常精美；奧爾梅克人崇拜的美洲虎形象與中國商周時期青銅器上的饕餮形象非常相似……不過這一說法，還需要拿出更多的證據才能證明。

　　瑪雅文明是印加文明中最發達的文明，智慧的瑪雅人在數學、藝術、文字等許多方面都取得了極高的成就。然而，瑪雅文明中最值得稱道的還是天文曆法，瑪雅人在沒有天文望遠鏡和精密的光學儀器的情況下，通過漫長的天文觀測和嚴密的數學計算，制定出了當時世界上最精確的曆法。

　　瑪雅曆法由卓爾金曆、太陽曆、金星曆、長紀年曆組成。卓爾金曆是瑪雅人的神曆，主要用於宗教，通過它瑪雅人可以知道甚麼時間應該舉行甚麼儀式。卓爾金曆的一年是 260 天，這個數字是瑪雅人用 20 個神明圖像和 1 到 13 的數字，不斷組合循環計算出來的。不過有學者提出，260 天對應的是太陽直射瑪雅文明所在地的周期。太陽曆是指地球圍繞太陽一周所需的時間，可以用來安排農業生產和祭祀。瑪雅人通過周密的天象觀測，計算出一年為 365.2420 天，這和現今用最先進的天文學理論計算出的一年為 365.2422 天，誤差僅為 0.0002 天，這意味着 5000 年的誤差僅為 1 日。金星曆是指金星環繞太陽一周所需要的時間，瑪雅人花費了 384 年進行觀察，得出了金星曆的 1 年是 584 天，這和現代測算出的583.92 天相比誤差極小。瑪雅人的長紀年曆可以準確無誤地記下幾千年中的任何一個日子，通過它我們也可以清楚地了解

瑪雅歷史上一些重要事件發生的時間。誰也不明白，瑪雅人是如何算出這麼精確的數字的，這簡直是個奇跡。

　　科學家猜測，瑪雅人在天文曆法上的成就，除了跟他們極其發達的數學思維能力有關，還和曆法在瑪雅人生活中的特殊地位有關。祭祀和種植糧食是瑪雅人生活中最重要的兩件事情，而兩者都需要掌握天象，因此瑪雅人很早就開始觀測天象，並且制定曆法的工作也是由瑪雅的最高權力代表祭司階層親自來做的。他們經過長年累月的觀察，積累下了許多一手資料，同時不斷地改進觀測方法，提高計算能力，使曆法愈來愈精確。祭司們之所以要全力來做這件事，也是為

了鞏固自己的政治地位，向臣民顯示自己的法力，對天象把握得愈準確，愈能提高他們的威信，使他們的統治愈牢固。

津巴布韋位於非洲大陸南端，這裏盛產黃金和寶石，從 16 世紀開始就吸引了一大批淘金者和探險家前赴後繼地來到這裏尋覓財富，德國探險家卡爾·莫克就是其中之一。1871 年，卡爾·莫克在今天的津巴布韋首都哈拉雷以南 300 公里處發現了大津巴布韋城遺址，他沒有想到他的發現揭開了非洲南部古文明的面紗。

大津巴布韋城遺址最古老的建築修建於公元 4 世紀，但主體建築修建於公元 13 至 14 世紀，由「大圍場」、衞城和山谷建築羣三部分組成。其中，最令人稱奇的是「大圍場」，它是一座由石牆圍起來的橢圓形的建築羣，這座石牆高 10 米，長約 240 米，由近 100 萬塊花崗岩堆砌而成。整座石牆嚴絲合縫，連刀片都難以插進去，然而在花崗岩板間人們沒有找到任何用於黏合的泥漿和石灰，它們全靠相互咬合和鑲嵌穩固下來。除此之外，整座建築還有排水系統。這些使我們不得不重新審視非洲古文明，在很長一段時間裏，我們都把目光聚焦在北非的古埃及文明上，並且無知地認為在廣大的非洲南部沒有文明的跡象。

　　大津巴布韋城遺址的發現，還引來了一場持續了半個多世紀的爭論，爭論的焦點是該遺址究竟是誰建造的？一部分西方的歷史學者認為，非洲南部的非洲人沒有能力建造出這麼雄偉的建築，一定是外來民族修建的，或者是在外來民族的幫助下修建的，可能是來自地中海的腓尼基人，或者是來自北非的埃及人，或者是阿拉伯人……總之，他們認為大津巴布韋城是其他地區的文明帶來的火種。不過，以卡頓・湯普森為代表的一些西方學者堅定地認為，大津巴布韋是非洲人自己創造的。他們走訪了非洲南部的多個國家和部落，發現大津巴布韋城遺址的建築風格和發掘出來的許多文物，都

能在非洲南部的建築和工藝品中找到相似的影子，而且在公元 11 世紀時紹納人（屬於班圖人）就在這裏建立了津巴布韋國家，當時的古津巴布韋依靠農牧結合的生產方式大大提高了生產力，同時開採黃金積累了大量財富，有經濟實力和剩餘勞動力來建造這些複雜的巨石建築。

□ 責任編輯：華　田
□ 裝幀設計：龐雅美　鄧佩儀
□ 排　版：楊舜君
□ 印　務：劉漢舉

植物大戰殭屍 2 之未解之謎漫畫 03
——古文明未解之謎

□
編繪
笑江南

□
出版
中華教育
香港北角英皇道 499 號北角工業大廈一樓 B
電話：（852）2137 2338　　傳真：（852）2713 8202
電子郵件：info@chunghwabook.com.hk
網址：http://www.chunghwabook.com.hk

□
發行
香港聯合書刊物流有限公司
香港新界荃灣德士古道 220-248 號
荃灣工業中心 16 樓
電話：（852）2150 2100　　傳真：（852）2407 3062
電子郵件：info@suplogistics.com.hk

□
印刷
美雅印刷製本有限公司
香港觀塘榮業街 6 號 海濱工業大廈 4 樓 A 室

□
版次
2022 年 9 月第 1 版第 1 次印刷
© 2022 中華教育

□
規格
16 開（230 mm×170 mm）

□
ISBN：978-988-8808-49-6